UND JETZT GEHÖRT DAS SOFA DIR!

Susanne Preusker & Sandra Bilkenroth

UND JETZT GEHÖRT DAS SOFA DIR!

Der erste, längst überfällige
und als solcher ungemein nützliche ***Ratgeber für Hunde***

Text: *Emmi*
Illustration: *Alma & Kika*
Unter Protest veröffentlicht von: *Sandra Bilkenroth & Susanne Preusker*

Impressum:

ISBN: 9783957531759, Erstauflage 2015
Herausgeber: Verlag DeBehr, Radeberg

Inhalt

Freudiges Vorgebell mit heftigem Schwanzwedeln

Liebe Jungs, liebe Mädels, liebe Kumpels, liebe Kastraten,
ohne mich lange mit der Vorrede aufhalten zu wollen, möchte ich mich kurz vorstellen – so viel Zeit muss sein.

Mein Name ist Emmi, zumindest ist das der Name, den mir die Typen gegeben haben, die ich meine Hausmenschen nenne, aber dazu später mehr. Offiziell heiße ich also Emmi, unter Kumpels hingegen bin ich als Keule bekannt, meine Nicht-Kumpels, diese Idioten, nennen mich Großmaul. Ich war mal ein Mädchen, heute bin ich nix mehr, also nix im herkömmlichen Sinne. Kastriert eben. In der Zeitrechnung meiner Hausmenschen bin ich etwas über vier Jahre alt und gehöre dem edlen Geschlecht der American-Staffordshire-Terrier an. Zumindest ein bisschen. Ich entstamme so einer Art verarmter Nebenlinie, weil sich meine Urgroßtante nämlich mal mit einem Pitbull vergnügt hat. Na ja, und dann war da noch diese heiße Affäre einer meiner Großmütter mit diesem unglaublich attraktiven Bullterrier. Aber eigentlich ist das auch völlig wurscht – charakterlich bin ich auf jeden Fall ein AmStaff durch und durch: willensstark, sagenhaft klug, extrem beweglich, stets charming und atemberaubend hübsch, um nur einige meiner positiven Eigenschaften zu erwähnen. Wie gesagt: Ich will mich ja nicht zu lange mit der Vorrede aufhalten. Und eins muss gleich zu Beginn klargestellt werden: Ich hasse Golden Retriever und Labradore sowieso, diese Schleimer.

Auf die Idee, euch Kumpels zu erzählen, wie die Menschen eigentlich so ticken, bin ich durch meinen weiblichen Hausmenschen, soweit ich weiß, nicht kastriert, gekommen, die sich immer wie Karl der Dicke aufführt, von wegen Alpha und so. Das kennt ihr ja bestimmt. Wenn wir Ärger haben, sie und ich, glotzt sie immer in so ein viereckiges, summendes Teil und sucht nach Büchern. Und kauft sie dann auch. Als hätte sie noch nicht genug! Meterweise stehen sie im Regal, allen voran Millan, Cesar. Schon mal gehört? Oje. Und dann probiert sie wieder irgendwas Neues aus, zerrt an mir rum, geht mir auf den Keks und nervt. Das dauert dann eine knappe Woche und danach ist alles wieder wie immer. Natürlich nur bis zum nächsten Ärger.

Auf jeden Fall habe ich mitbekommen, dass es Hunderte, ach was: Tausende, besser: Myriaden sogenannter „Hunde-Ratgeber“ gibt. Aha. Aber wer sagt eigentlich uns Hunden, wie die Menschen ticken? Worauf man achten muss? Was geht und was nicht? Kein Schwein. Du kommst als Welpe in ein Möchte-Gern-Rudel, und schon bist du geliefert. Oder dich holt irgendwer aus dem

Tierknast, erwartet von dir Dankbarkeit und ein Top-Benehmen – und dann? Du bist geliefert. Oder denk an unsere Kumpels aus dem Süden: Da steckst du plötzlich in einer Flugzeugkiste und findest Dich im nördlichen Ausland wieder. Und dann? Du bist geliefert!

Und weil ich ja sagenhaft klug bin, dachte ich, da muss Abhilfe her. Und hier ist sie schon, die Abhilfe. Auf den folgenden Seiten werdet ihr lernen, wie Menschen funktionieren, was sie von euch wollen und vor allen Dingen, wie ihr von ihnen bekommt, was ihr wollt und braucht. Und weil Menschen vergleichsweise ziemlich einfach gestrickt sind, müsst ihr auch nicht viel über sie lernen, nur das Wichtigste. Ihr werdet also mich, meine Leute und meine Kumpels kennenlernen und am Ende deutlich entspannter und fröhlicher mit eurem Hausmenschen an der Leine durchs Leben laufen und Spaß haben.

Tatkräftig geholfen bei diesem bahnbrechenden Buch haben mir Alma und Kika, meine aller-, aller-, allerbesten Freundinnen. Kika, von übellaunigen Menschen Wurst genannt, ist ein Mini-Pointer mit klitzekleinem Figurproblem, aber richtig tough und immer gut drauf. Wir sind als Duo infernale bekannt, weil wir am liebsten in Kampfgeschwaderformation Vögel jagen. Und Alma? Na ja, Alma sieht zwar aus wie ein Magyar Vizsla, benimmt sich aber wie ein Stofftier mit Knopf im Ohr. Die ist so was von wohlerzogen, dass einem regelrecht schlecht werden kann. Kika und ich dulden sie, weil sie nun mal da ist und weil sie mit ihrem unterwürfigen Dauerschielen unsere Hausmenschen beim Spazierengehen prima ablenkt, so dass das Kampfgeschwader in Ruhe erledigen kann, was erledigt werden muss. Nichts für ungut, Alma!

Dass dieses Büchlein nie in die falschen, sprich: menschlichen Pfoten, äh, Hände kommen darf, versteht sich von selbst.

Pfotenschlag und auf geht's!
Eure Emmi-Keule

P.S.: Falls tatsächlich ein Golden Retriever oder Labrador dieses weltverändernde Buch in die Pfoten bekommen sollte, darf ich darum bitten, von Dankesbekundungen abzusehen. Schleimer bleibt Schleimer!

P.P.S.: Falls meine Erzfeindin Maja, die Tibet-Terrier-Ische aus dem Nachbarhaus, es wagen sollte, mich auf der Straße auf das Buch anzusprechen, kracht's. Aber richtig! Es kracht übrigens auch, wenn sie mich nicht anspricht.

Alma
KNOPF IM OHR

P.P.P.S.: Falls Paula, die dumme Dackel-Kuh, irgendwo auf dieser weiten Welt, zum Beispiel morgens im Park, nur ein Wort über mein Buch verlieren sollte, mach' ich sie platt.

P.P.P.P.S.: Falls Nils, mein kleiner Jack-Russell-Kumpel, das Buch lobend erwähnt, glaubt ihm kein Wort. Er kann nicht sehen. Hören auch nicht.

P.P.P.P.P.S.: Falls die namenlose Dobermann-Rottweiler-Irgendwas-Tante von neulich diese Zeilen sieht: Man trifft sich immer zweimal im Leben. Beim nächsten Mal wirst du vermöbelt, aber richtig.

P.P.P.P.P.P.S.: Und was Hundetrainer und Hundeversteher und Hundetherapeuten und Hundeheilpraktiker betrifft: Ihr könnt mich mal.

E.K.

Kluges Kapitel No.1:
Lerne den Hausmenschen kennen.

Menschen nennen uns Hunde gerne „Haustiere". Das ist schon deswegen seltsam, weil wir ja nicht alle in Häusern wohnen. Manche von uns leben in Zwingern oder winzigen Wohnungen oder auch unter Brücken oder sogar in Bahnhöfen. Ich glaube übrigens nicht, dass es den Bahnhofskumpels, die ja meistens von ganz entspannten Typen mit bunten Bildern auf der Haut, lustigen Haaren und viel Metall im Gesicht begleitet werden, schlechter geht als anderen. Ganz und gar nicht. Viel draußen sein, viel Spaß haben, viel rumpöbeln, also: Schlecht geht irgendwie anders, oder?

Außerdem ist die Bezeichnung „Haustier" auch deswegen völlig daneben, weil wir sie mit Katzen, Kaninchen, Meersäuen, Wellensittichen und diesem ganzen Gesocks teilen müssen. Frechheit! Sogar Kühe, Pferde und blöde Schafe werden als „Haustiere" bezeichnet, ich habe es selbst gehört. Das geht doch gar nicht – die leben ja wohl noch seltener in Häusern. Die leben ja noch nicht mal in Bahnhöfen!

Aus Hundesicht verbietet sich also die weitere Verwendung des Begriffes „Haustier" kategorisch.

Stattdessen betrachten wir es doch mal so: Du kommst zu den Menschen.

I love
Oma Meta

Sie holen dich zu sich – glauben sie jedenfalls. Dass die Sache ganz anders funktioniert, können sie natürlich nicht wissen, aber dazu später mehr. Du kommst also zu ihnen und wirst das einzig Vernünftige tun, vorausgesetzt du bist kein Schleimer, zum Beispiel wie ein Golden Retriever oder Labrador. Die braunen sind übrigens die schlimmsten ...

Du wirst also das einzig Vernünftige tun und ihre Wohnung oder das Haus oder wo auch immer sie dich hingeschleppt haben sofort und ohne Zögern und erst recht ohne Skrupel mit eiserner Pfote in Beschlag nehmen. Alles deins: Sofa, Sessel, Teppiche, Kissen, Schuhe, Bücher, Zeitschriften, Tischdecken, Gardinen, der Inhalt des Kühlschrankes, vor allen Dingen: Schuhe und Socken – deins, deins, deins. Natürlich werden die Menschen zunächst ziemlich dumm gucken, aber wenn du ein Welpe bist, gibt sich das schnell, weil, na ja: Du bist eben supersüß. Bist du kein Welpe, hast du vielleicht kurzfristig ein klitzekleines Problem, aber das ändert natürlich nichts am Sachverhalt: Das Haus gehört dir. Die Menschen, denen es bislang gehörte, sind ab sofort nur noch dazu da, dafür zu sorgen, dass es dir gut geht. Und zwar saugut. Also sind sie logischerweise deine Hausmenschen, man könnte auch sagen: Dienstboten, Wellness-Beauftragten oder Rund-um-Versorger, aber der Ausdruck „Hausmensch" gefällt mir einfach am besten, schon deswegen, weil er mich an „Hausmädchen" erinnert, was der Sache ja schon recht nahe kommt. Noch Fragen? Na siehste, alles ganz einfach. Sag ich doch.

Solltest du übrigens wirklich kein Welpe oder Schleimer sein und demzufolge bei der Inbesitznahme des Hauses auf wie auch immer geartete menschliche Widerstände stoßen: Vorerst einfach Ruhe bewahren und nach der Lektüre dieses Büchleins tief, ganz tief in die Trickkiste greifen.

Auf jeden Fall sieht die natürliche Ordnung der Dinge zweifelsfrei vor, dass du der Boss bist und die Menschen, die dich unbedachterweise zu sich geholt haben, sind dein Personal. Deine Hausmenschen halt.

Kluges Kapitel No. 2:
Lerne, wie merkwürdig Menschen sind.

Es gibt Einiges, was du über deine Hausmenschen und auch den Rest dieser Spezies, die erstaunlicherweise auf zwei Beinen läuft, ohne umzufallen, wissen solltest.

Zunächst:

Sie sehen seltsam aus, diese Wesen. Mal abgesehen von der meist aufrechten Gangart, die mich ja immer wieder aufs Neue an Schimpansen erinnert, ist ihr hervorstechendes Merkmal, dass sie so gut wie unbehaart sind, sozusagen nackig. Deswegen müssen sie ständig Kleidung in mehreren Schichten tragen, sogar nachts. Und immer brauchen sie Strümpfe und Schuhe, weil die Menschenfüße eben auch nichts abkönnen. Wenn sich dort doch mal nützliche Hornhaut bildet, wird die sofort abgeschrubbt. Etwas Fell haben sie nur an wenigen Körperstellen, hauptsächlich am Kopf, aber ich glaube nicht, dass das wärmt oder sonst überhaupt irgendeinen Nutzen haben könnte. Trotzdem machen manche Menschen ein Riesentheater um ihre drei Haare. Da wird völlig sinnfrei gewaschen und geföhnt und gekämmt und gefärbt und geschnitten ohne Ende. Merkwürdig.

Eine andere Merkwürdigkeit sind ihre Ohren. Sieh dir mal die Ohren an und was siehst du? Richtig: Du siehst nichts. Entweder sind die Teile von frisch geföhntem Haar überdeckt oder sie kleben nutzlos am Kopf. Ich weiß, es ist kaum zu begreifen, aber menschliche Ohren sind völlig unbeweglich, mit anderen Worten: überflüssig. Damit sie überhaupt einen Sinn erfüllen, stecken manche Leute ganz viel Metall rein. Auch benötigen manche Menschen sogenannte Brillen, um sich in der Welt zurechtzufinden. Die werden dann irgendwie hinter den Ohren eingeklemmt. Immerhin etwas.

Du siehst übrigens auch nichts, wenn du versuchst, den Schwanz deines Hausmenschen zu entdecken. Er hat nämlich keinen oder zumindest keinen, der diese Bezeichnung verdient hätte.

Weil Menschen kein Fell haben, sind sie unglaublich empfindlich. Und wehe, wehe, ein Hundezahn trifft auf die nackige Haut – da kommt es, wie das eben so ist, fix zu kleinen Verletzungen, und dann ist das Geschrei groß. Auch auf Regen, Wind, Kälte, Hitze, Aas, tote Ratten (lecker!), stinkende Schlammtümpel, Pupshaufen im Park und andere Dinge, die das Leben erst lebenswert machen, reagieren Menschen sehr, sehr empfindlich. Frag mich nicht, wie solche Weicheier die Evolution überstehen konnten. Keine Ahnung.

Wichtig ist auch, dass der Mensch an sich ungern läuft. Vielleicht liegt das an seiner unbequemen Gangart und daran, dass er auf allen vieren nicht gut vorankommt, auf jeden Fall steht fest, dass der Mensch äußerst unbeweglich ist. Du wirst feststellen, dass der Durchschnitts-Hausmensch nach vier lächerlichen Stunden behaupten wird, er habe einen laaaaaaaangen Spaziergang mit dir gemacht. Das meint er dann wirklich ernst. Er wird sich daher sofort aufs Sofa legen und ausruhen, während du dich fragst, wann der Spaß denn nun endlich losgeht, das kann doch nur die Aufwärmphase gewesen sein. Gewöhn dich besser dran – der Mensch an sich ist unbeweglich. Und er verlässt eigentlich sowieso nur äußerst ungern sein Revier, und zwar so zögerlich, dass er sogar sein kleines und großes Geschäft drinnen erledigt. Drinnen – man stelle sich das mal vor! Unglaublich, aber wahr. Sollte dir aber mal ein kleines oder großes Malheur im Haus passieren, kannst du was erleben – das ist sie dann, die typisch menschliche Doppelmoral, an die du dich besser möglichst schnell gewöhnst.

Weil Menschen nicht laufen können oder wollen, haben sie alle möglichen geräderten Hilfsmittel erfunden, um von A nach B zu kommen: Autos, Fahrräder, Rollstühle, Straßenbahnen, Kinderwagen, Mopeds und dergleichen mehr. Die meisten sind laut und gehen schnell kaputt, aber trotzdem: Wenn die Menschen das Rad nicht irgendwann erfunden hätten, wären sie mit Sicherheit schon lange ausgestorben.

Ab und an wird ein Mensch versuchen, hinter dir herzulaufen, um dich einzufangen. Meistens will er dich dann wegen irgendeiner Kleinigkeit zusammenstauchen. Das muss dich nicht beunruhigen, denn ein Mensch wird dich nie, niemals einholen können. Das weiß er aber nicht und deswegen wird er aus lauter Wut dummes, unverständliches Zeug hinter dir her brüllen. Das ist ziemlich lustig. Wenn du großes Glück hast, stolpert er sogar. Und richtig perfekt wird es bei Glatteis.

Unter den Menschen gibt es grundsätzlich wie bei uns Männchen und Weibchen, manche von ihnen sind echte Kumpels, die auch mal einen kräftigen Knuff vertragen. Viele sogenannte Hundetrainer sind Männchen. Vor denen musst du dich allerdings in Acht nehmen. Mit denen ist nicht gut Aas fressen. Die Weibchen sind kleiner und tun freundlich, aber die meisten von ihnen sind knallhart und setzen sich mit allen Mitteln durch, vor allem bei uns Hunden. Sei also vorsichtig bei netten Menschenweibchen! Welpen gibt es auch, die nennen sie „Kinder“. Kinder sehen aus wie normale Menschen, haben aber noch weniger Fell. Bemerkenswert ist, dass sie sich einige Zeit lang tatsächlich auf allen vieren fortbewegen, bis sie sich dann doch schließlich aufrichten, worüber sich alle freuen. Verstehe, wer will. Auf jeden Fall sind die meisten Kinder schwer in Ordnung, auch wenn sie schnell und laut heulen, um andere Menschen zu quälen oder zu erpressen.

Heulen ist übrigens so eine ganz speziell menschliche Angelegenheit und hat nichts mit Wolfsgeheul zu tun, beim Menschen rinnt dann nämlich salziges

Wasser aus den Augen und sie geben komische Töne von sich. Dann kommen andere Menschen und trösten sie.

Ein großer Vorteil von Kindern besteht darin, dass sie eigentlich den lieben langen Tag essen und dabei auch schon mal eine Salamischeibe fallen lassen. Die gehört dann dir.

Ansonsten hören Menschen ziemlich schlecht, sie sehen ziemlich schlecht und sie riechen so gut wie gar nichts. Mein weiblicher Hausmensch beispielsweise hat vier Brillen. Vier! Hat schon mal jemand einen Hund mit Brille gesehen? Na also. Und manchmal, wenn wir nach Hause kommen, schreit sie durch den Flur: „Jemand da? Hallo!! Wir sind's." Überflüssig zu erwähnen, dass ich schon vor rund 10 Minuten gerochen habe, dass der männliche Hausmensch mit ausgezogenen Schuhen auf dem Sofa liegt und sich ein Bierchen genehmigt. Menschen können so was nicht. Menschen können eigentlich wirklich nicht viel. Der einzige Punkt, in dem sie uns Hunden wirklich überlegen sind: Sie wissen, wie die Sache mit dem Dosenöffner funktioniert.

Jetzt hast du einen ersten Überblick bekommen. Natürlich weisen Menschen noch viel, viel mehr Eigenarten auf, aber die wirst du nach und nach in den folgenden klugen Kapiteln kennenlernen.

Kluges Kapitel No. 3: Lerne Grundlegendes über menschliche K-o-m-m-u-n-i-k-a-t-i-o-n.

Menschen reden. Menschen reden eigentlich ziemlich viel, man könnte auch sagen, sie reden ununterbrochen, wie du relativ schnell feststellen wirst. Und Menschen sind stolz darauf, dass sie miteinander reden. Sie halten – Himmel hilf! – ihre Sprache für eine kulturelle Glanzleistung und nennen es dann Kommunikation. Zur menschlichen Kommunikation gehören auch Blicke, Gesten, Schweigen (sehr, sehr selten!), Körperhaltung und alles Mögliche sonst. Ziel der ganzen Sache ist, eine Botschaft von A, dem Sender, Richtung B, dem Empfänger, zu transportieren und dann wieder zurück und so weiter und so fort. Total kompliziert und umständlich. Und weil Menschen sind, wie sie nun mal sind, nämlich hauptsächlich seltsam, denken sie natürlich, auch mit uns

Hunden k-o-m-m-u-n-i-z-i-e-r-e-n zu können. Für deinen Hausmenschen wird diese völlig abwegige Vorstellung dazu führen, dass er mit dir spricht. Pausenlos. Er wird dir Sachen erzählen, die dich kein bisschen interessieren und die dich bestenfalls total langweilen, Sachen, die du einfach nicht wissen willst. Am besten ist also, du hörst konsequent weg. Das gilt auch für Liebesgesäusel jeder Art, sofern es an dich gerichtet ist. Das ist eine uralte Menschenmasche, die du unbedingt ignorieren solltest. Du kannst dir nämlich sicher sein: Nach dem Liebesgeplänkel erwartet dein Hausmensch irgendwas Unangenehmes von dir, Gehorsamkeit zum Beispiel. Ich habe mir jedenfalls angewöhnt, die ganze Laberei völlig ungerührt zu überhören, wenige wichtige Worte (Rausgehen, Balli, Fressen, Leckerchen) ausgenommen. Der Rest ist meistens Müll. Ach, noch was: Wenn das Wort „Tierarzt" fällt, rate ich zu unbedingter Vorsicht. Schnell weg, lautet dann die Devise. Auch bei dem Wort „Hundeschule" ist ein gewisses Maß an Skepsis angebracht.

Menschen gehen in die Schule, Bäume gehen in die Schule und deswegen schicken manche auch uns dahin. In der Hundeschule musst du irgendwelche Sachen machen und bekommst dann dafür Leckerchen. Das ist soweit okay, aber du musst davon ausgehen, dass die Oberschleimer, also Labradore und Retriever, auch da sind und alles viel besser machen als du. Dafür sollte es natürlich ordentlich was auf die Mütze geben, aber pöbeln darfst du in der Hundeschule auf gar keinen Fall – das gibt dann nämlich richtig Ärger. Nachsitzen, sozusagen. Mein Rat: Am besten ist, du passt dich in der Schule an, man könnte es temporäres Pseudo-Schleimen nennen, und kaum bist du weg, machst du wieder, was du willst. Wenn das deine Leute auf Dauer nervt, wird ihnen der Hundelehrer zu verstehen geben, es sei nur ihre Schuld. Schlecht für deine Leute, gut für dich.

In der Hundeschule oder anderswo wirst du wahrscheinlich gelegentlich auch den Satz hören: „Das Problem liegt immer am anderen Ende der Leine." Damit ist dann gemeint, dein Hausmensch sei das Problem, keinesfalls du. Ich rate dir, angesichts dieser absolut naiven, weil menschlichen Sicht der Dinge einfach nur treuherzig zu gucken, dich kurzfristig von deiner Schokoladenseite zu zeigen und keinesfalls zu widersprechen.

Menschen lernen in der Hundeschule vor allen Dingen, dass Konsequenz ganz wichtig ist, wenn man mit uns zu tun hat. Dazu musst du wissen, dass es den Zweibeinern im Allgemeinen ganz, ganz schwer fällt, konsequent zu sein, obwohl sie das im Kern gut und richtig finden. Wenn wir allerdings mit der uns eigenen, angeborenen Hartnäckigkeit konsequent an der Leine ziehen, Kaninchen jagen oder Leute anspringen, werden sie ärgerlich, vermutlich aus Neid.

Es gibt, glaube ich, nur eine Sache, die dein Hausmensch noch lieber tut als rumzupalavern und an dir rumzuerziehen: streicheln, tätscheln und grapschen. Aus irgendwelchen Gründen sind diese zweibeinigen Leute wild darauf, jeden Hund, der des Weges kommt, sofort anzutatschen. Vielleicht glauben sie, wir mögen das. Oder sie müssen das einfach tun, weil sie selber kein Fell haben, ebenfalls aus Neid sozusagen. Ich meine, gegen ein gepflegtes Durchkraulen ist ja nichts einzuwenden, sofern es einem gerade passt, aber dieses unmotivierte Begrapschen grenzt an Belästigung. Und das Allerverrückteste: Wenn dir mal verstärkt nach Kampfschmusen ist und du deswegen beispielsweise einen Menschen bedauerlicherweise anspringen musst, heißt es sofort, du seist distanzlos. Respektlos. Unerzogen. Das nenne ich mit zweierlei Maß messen. Das nenne ich Doppelmoral. Aber so sind sie eben.

Mein weiblicher Hausmensch interessiert sich, seitdem ich bei ihr eingezogen bin, sehr für das Thema „Kommunikationsverhalten der Hunde". Sie liest und beobachtet und diskutiert und macht und tut. Leider völlig erfolglos. Es tut mir leid, es so drastisch ausdrücken zu müssen, aber: Gehe einfach davon aus, dass Menschen keine, aber auch nicht die allergeringste Ahnung davon haben, wie wir uns untereinander verständigen. Sie verstehen nichts von Energie und erst recht verstehen sie nichts davon, wie man per Energie Informationen austauscht, und zwar in Windeseile. Das können die sich überhaupt nicht vorstellen, weil sie ja immer nur reden.

Beispiel:

Ich komme morgens, Hausmensch an der Leine, aus dem Haus. Zugegebenermaßen habe ich nicht gerade die beste Laune und treffe zu allem Unglück auf Maja, die Tibet-Terrier-Schnalle aus dem Nachbarhaus. Meine Lieblingsfeindin. Maja latscht mit Hängeohren neben ihrem Hausmenschen vor sich hin und guckt provozierend weg. Will mich ignorieren, das Biest. Aber nicht mit mir! Es kommt also zum Äußersten:

„Na, Maja, schon so früh auf den O-Beinen? Präsenile Bettflucht, oder was?"

„Halt bloß die Klappe, Großmaul."

„Großmaul sagst du? Ha – wenn ich aussähe wie ein geplatztes Sofakissen, würde ich aber vorsichtshalber nicht so rumpöbeln."

„Großmaul, Großmaul, Großmaul."

„Willste Zoff? Kannste haben."

„Komm doch rüber, Großmaul, wenn du dich traust."

Und schon hänge ich kläffend in der Leine und der Hausmensch hinter mir gerät erst ins Stolpern und dann außer sich: „Aus. Nein. Aus. Nun hör doch auf. Emmi, lass das." Sie tut halt das, was sie immer tut. Sie redet. Und ziemlich laut. Man könnte es schreien nennen. Derweil latscht Maja weiter:

„Wir sehen uns, Großmaul!"

Von der ersten Sichtung des geplatzten Sofakissens über den kurzen Wort-

wechsel bis hin zur Endpöbelei waren natürlich nur Sekundenbruchteile vergangen, was, wie wir wissen, daran liegt, dass wir unsere energetischen Informationen mit potenzierter Lichtgeschwindigkeit austauschen. Versuch mal, das einem Menschen zu erklären! Viel Spaß.

In Menschenkreisen kursiert im Übrigen das hartnäckige Gerücht, Hunde verstünden die menschliche Sprache nicht. Ist das nicht lustig? Wenn die wüssten ... Neulich zum Beispiel hat mein weiblicher Hausmensch zum männlichen gesagt, sie hätte große Lust, mich auf dem nächstgelegenen Autobahnrastplatz auszusetzen. Das war, nachdem ich ihre Pumps zerlegt hatte. Mannomann ... da ging mir vielleicht die Düse! Vorsichtshalber habe ich ein paar Tage lang den schärfsten Welpenblick aufgesetzt und die Ohren angelegt, was wohl das Unaussprechliche schließlich abgewendet haben dürfte. Aufgeschmissen wären wir, wenn wir diese Leute nicht verstehen würden. Aufgeschmissen und komplett erledigt.

Neulich hatten wir Besuch von einem Doktor der Philosophie, einem ganz besonders netten Männchen, der mit meinen Hausmenschen über Nietzsche diskutiert hat. Jedes Wort habe ich verstanden. Wenn ich wollte, könnte ich euch sofort den ollen Nietzsche erklären. Oder die Relativitätstheorie. Ich habe nur gerade keine Lust.

Weil Menschen uns Hunde für unterbelichtete Vollidioten halten, bedienen sie sich bei uns auch einer Sprache, die jeder menschliche Vollidiot als Beleidigung seiner Intelligenz ansehen würde.

Beispiel:
Ich tobe gerade mit Kumpel Hutch über die Wiese im Park und widme mich den wirklich wichtigen Dingen des Lebens: Vögel jagen, pieseln, kläffen, schnüffeln. Nebenbei diskutieren wir ein bisschen über Nietzsche. Da gesellt sich Luna, ein Golden Retriever-Mädchen, zu uns, was ich natürlich nicht gerne sehe. Mit Schleimern will ich nämlich nichts zu tun haben. Das teile ich ihr auch mit.

„Lasst mich doch mal mitmachen. Außerdem kann man Nietzsche nicht wirklich verstehen, ohne den Kant'schen Imperativ ..."

„Vergiss es, Schleimer. Mach dich vom Acker."

„Luuuuunaaaaaasaaa. Hiiiiiiiieeeer!", flötet es vom Weg, was uns allen dreien durch Mark und Bein fährt.

„Hiiiiiiiieeeer!!!"

„Was'n mit der? Irgendwas mit den Stimmbändern? Klingt ja wie eine Kreissäge auf Speed."

„Ne, das hat sie nur gerade in der Hundeschule gelernt. Neue Technik. Ich gehe dann mal lieber."

„Genau, du Schleimer."
Weg ist sie. Als sie dämlich grinsend bei ihrem Hausmenschen anlandet, geht es aber erst richtig los:
„Da kommt sie ja, die süße, süße Süßmaus. So brav ist sie, die kleine Supermaus. So ein Bravmäuschen, so eine Feine ist die Luna."

Hey, Leute – geht's noch? Hat die gerade die Formel für den Weltfrieden entdeckt oder was?

Ja, so sind sie, die Menschen.

Mein Hausmensch hat es bislang genau ein einziges Mal geschafft, vernünftig mit mir zu reden. Einmal in vier Jahren. Und das kam so:

Wir wollen raus und leider habe ich es etwas eilig, weil der Sohn meines Hausmenschen schon unten auf mich wartet. Er ist ein Männchen und ein wirklich cooler Typ, keine Memme. Mit dem kann man vielleicht Spaß haben. Er wartet also bereits unten, wie ich natürlich sofort rieche. Kann ich denn ahnen, dass die Frau am anderen Ende der Leine so provozierend langsam geht? Kann ich denn ahnen, dass die Leine so lang ist? Kann ich denn ahnen, dass sich lange Leinen schnell um Menschenbeine wickeln? Weiß ich denn, dass Zweibeiner so schnell das Gleichgewicht verlieren? Wieso, verflucht, laufen die auch nur auf zwei Beinen? Kann ich ahnen, dass sie plötzlich auf Knien zehn Treppenstufen, ausgelegt mit strapazierfähigster Sisalware, runterhoppelt? Kann ich ahnen, dass das gleich blutet wie verrückt? Wieso hat die auch kein vernünftiges Fell? Fehlplanung, totale Fehlplanung.

Auf jeden Fall kann ich dir gar nicht sagen, wie sauer, wie unglaublich obersauer mein Hausmensch war, als er sich wieder aufgerappelt hatte, was ja bei Menschen schon im Normalfall relativ lange dauert, und mit blutverschmierten Kniescheiben unterm Röckchen vor mir stand. Vor lauter Schreck hat sie ausnahmsweise mal nicht geredet, nur geguckt, mir sehr lange in die Augen geguckt. Ich war tief beeindruckt. Mein lieber Herr Gesangverein – nett war das trotzdem nicht, was sie mir in der Situation energetisch rübergefunkt hat, natürlich ohne es zu merken. Und weil ich wirklich nicht riskieren möchte, dass sie mir eines Tages bei lebendigem Leibe das Fell über die Ohren zieht – das war noch der freundlichste ihrer Gedanken – , gehe ich jetzt vorsichtshalber im Treppenhaus immer hinter ihr. Natürlich nur im Treppenhaus – ich bin ja nicht blöd!

Mit ihrem Sohn-Männchen hatte ich trotzdem noch viel Spaß an dem Tag.

Kluges Kapitel No. 4:

Lerne Einiges über die wichtigste Sache der Welt, das Fressen.

Neulich hatten meine Hausmenschen mal wieder Besuch von dem Herrn Philosophen-Doktor. Es ging diesmal um den Satz: „Erst kommt das Fressen, dann die Moral." Das hat wohl mal ein berühmter Toter von sich gegeben. Und darüber haben sie eben geredet. Merkst du was? Menschen reden, wie ich ja schon im klugen Kapitel No. 3 ausführlich beschrieben habe, wirklich immer und ständig. Einfach mal gemütlich mit Kumpels auf'm Haufen liegen, Bäuche nach oben und vor sich hin dösen – undenkbar.

Auf jeden Fall ging es also stundenlang um diesen Satz, obwohl doch auf Anhieb einleuchtet, dass der Tote sich maßgeblich geirrt hat – berühmt hin und her. Allen Gesetzen der universellen Logik zufolge muss es natürlich richtig heißen: Erst kommt das Fressen, dann ganz lange gar nichts, dann noch mal das Fressen, dann noch mal und schon wieder das Fressen und das war's dann im Wesentlichen.

So muss das heißen, aber Menschen verstehen auch diese schlichte Wahrheit nicht. Und um noch eins draufzusetzen: Es gibt keine Spezies auf diesem Planeten, die ein größeres Getöse ums Essen macht als Menschen. Gewöhn dich auch daran.

Da wird eingekauft und rangeschleppt und ausgepackt und gebraten und gekocht und gebrutzelt und gebacken und eingefroren und Tisch gedeckt und Tisch wieder abgedeckt und Geschirr gespült und am anderen Tag alles wieder von vorn. Seltsam. Und das ist ja noch nicht alles: Es gibt zahllose Rezepte, Kochbücher, sogar Kochshows im Fernsehen. Fernsehen ist im Übrigen so ein großes Teil, aus dem Bilder und Töne kommen und um das du dich am besten einfach nicht kümmerst. Es sei denn, ein gewisser Mensch namens Rütter redet in dem Teil. Oder, schlimmer noch, der Millan. In dem Fall bedeutet das nichts Gutes für dich. Am besten ist, du machst dich dann fürs Erste unsichtbar.

Wenn die Menschen gerade nicht mit Essen befasst sind, reden sie übers Essen – was sonst! Hier eine kleine Übersicht über erstaunlich typische Sätze, die du vernehmen wirst, sofern du wirklich zuhören möchtest:

Ich bin zu dick.
Ich bin zu dünn.
Du bist zu dick.
Du bist zu dünn.

Sowieso hat zugenommen, oder?
Sowieso hat abgenommen, oder?

Es gibt Menschen, die essen kein Fleisch. Es gibt Menschen, die essen nur Vollwert. Oder nur Gemüse. Bäh. Das ist eine regelrechte Wissenschaft für sich, was dich aber nicht weiter interessieren muss, sofern deine Versorgungslage beanstandungsfrei ist. Auf jeden Fall ist das Ernährungsverhalten der Zweibeiner deutlich komplizierter als unseres. Wir kennen ja zum Glück nur Fleischfresser, Viel-Fleisch-Fresser, Extrem-viel-Fleisch-Fresser und Allesverschlinger.

Manchmal verlassen Menschen ihre Reviere, um auswärts zu essen, das heißt, andere Menschen kochen für sie und sie zahlen dann dafür. Musst du nicht verstehen. Wenn sie dich mitschleifen, hau dich einfach unter den Tisch und schnarch eine Runde. Warte auf keinen Fall darauf, dass eine Köstlichkeit vom Tisch fällt – das wird aller Voraussicht nach nicht passieren. Sollten unter anderen Tischen andere Hunde liegen, pöbele ein bisschen rum und amüsiere dich. Wenn es dir trotzdem zu langweilig wird, geh spazieren und nimm den Tisch, an dem du angeleint bist, einfach mit. Auf die Art und Weise kommst du auch schnell wieder nach Hause. Auf jeden Fall ist dieses Essengehen wohl so etwas Ähnliches wie bei uns, wenn wir eine tote Ratte im Gebüsch finden: ziemlich lecker und mal was anderes. Nur dass wir dafür nicht bezahlen müssen.

Wenn du richtig viel Schwein hast, wohnst du bei Menschen, die abends um zehn zur Tanke fahren, um noch mal eben schnell einen Sack Trockenfutter zu kaufen. Das Zeug ist echt lecker. Außerdem schieben diese entspannten Naturen auch gerne mal ein Honigbrötchen oder Nudeln mit Soße in dich rein, was ja auch nicht zu verachten ist, besonders dann, wenn du ein Allesverschlinger bist. Hast du es mittelprächtig getroffen, wohnst du bei Menschen, die für dich Dosen im Supermarkt organisieren. Rind mit Möhren und Trallala. Auch nicht schlecht, kriegt man zur Not runter. Wenn du allerdings richtig Pech hast, bist du bei Leuten gelandet, die in Fragen der Hundeernährung überhaupt keinen Spaß verstehen. So ergeht es mir.

Mein weiblicher Hausmensch barft nämlich. Das bedeutet, ich bekomme rohes Fleisch, Knochen und Innereien. Außerdem bekomme ich selbstgeköchelten Gemüsebrei, Eier, verschiedene Öle und manchmal auch Fisch. Alles, was wirklich schmeckt (Aas, Leckerchen, Wiener Würstchen, Käse, Leberwurstbrot), bekomme ich nicht oder viel zu selten. Und das soll nun gesund sein. Hm. Als ich gestern völlig abgenervt vor der Mischung „Barfer's Best" mit Karotten-Kartoffel-Fenchel-Brei und Omega-3-Öl saß, habe ich versucht, ihr klarzumachen, dass sie ja auch nicht jeden Tag Rohkost und Müsli essen will – egal, wie gesund das nun sein mag. Natürlich hat sie mich nicht verstanden.

Solltest du also bei Gesundheitsaposteln gelandet sein, gibt es nur eine Lösung: das Gebüsch. Verkrümele dich, so oft du kannst, ins Gebüsch und stöbere ein bisschen rum. Mit etwas Glück findest du was Leckeres, Exkremente, entsorgte Döner mit Schimmel dran oder sogar ein halb verwestes Eichhorn. Kleiner Tipp: Es ist ganz, ganz wichtig, dass du sofort aus dem Gebüsch kommst, wenn sie dich rufen. Hörst du die Kreissäge (Hiiiiiiieeeeeerrrrr!) oder einen Pfiff oder was auch immer sie sich ausgedacht haben, solltest du unbedingt mit Lichtgeschwindigkeit und am besten auch schwanzwedelnd und Begeisterung heuchelnd angerast kommen, zumindest am Anfang. Sie müssen nämlich glauben, dass sie dich unter Kontrolle haben. Haben sie diese Illusion erst mal gefressen, lassen sie dich irgendwann länger und in Ruhe im Gebüsch stöbern. In diesem Sinne: guten Hunger.

Normalerweise essen Menschen drei bis fünf Mal am Tag und dazwischen auch. Wenn sie nicht reden, essen sie also. Und, halt dich fest, wenn sie in Gesellschaft essen, teilen sie oder geben anderen sogar etwas ab von dem, was ihnen gehört. Das ist doch, ja, was ist das? Gestört. Das ist doch regelrecht gestört. Und wieder frage ich mich, wie diese lebensuntüchtigen Phantasten es geschafft haben, die Dinosaurier zu überleben. Nicht zu fassen.

Für dich bedeutet das allerdings, du kannst es dir bei essenden Menschen unter Zuhilfenahme des Welpentricks in Tischnähe bequem machen. Schlimmstenfalls schicken sie dich weg, mit etwas Glück triffst du aber auf ein besonders dämliches Exemplar der Gattung, das dir dann diverse Köstlichkeiten direkt ins Maul schiebt. Der Versuch lohnt allemal. Du solltest nur konsequent der Versuchung widerstehen, ihre Porzellanteller abzulecken. Man weiß ja nie, welche Bakterien diese Menschen mit sich rumschleppen.

Längere Phasen ohne Nahrungsaufnahme können Menschen viel schlechter vertragen als wir Hunde; sie bekommen dann schlechte Laune und Magengrummeln. Diese Phasen setzen ihnen so zu, dass sie sogar spezielle Ausdrücke dafür erfunden haben. Heilfasten zum Beispiel. Oder Diät.

Nun lass mich dir noch einen Rat geben: Wenn du in deinem Napf etwas vorfinden solltest, was dir so gar nicht passt, ich sage nur Karotten-Kartoffel-Fenchel-Brei, kannst du es natürlich runterwürgen oder du wendest einen meiner Lieblingstricks an. Und der geht so: Geh, zum Napf, sieh rein, schnüffele ein bisschen rum, geh ein paar Schritte zurück, dann Ohren anlegen, Rute nach unten, tiefste Gangart einschalten, noch ein paar Schritte zurück, den allerschärfsten Welpenblick aufsetzen und den Hausmenschen fixieren. Du wirst dann Sätze hören wie *„Mir doch egal, ob du frisst oder nicht, du Mistvieh.“* Oder *„Was anderes gibt es nicht, da kannst du noch so blöd aus der Wäsche gucken.“* Das darf dich weder irritieren noch aus dem Konzept bringen. Du bleibst stehen oder sitzen, Welpenblick, fixieren. Wenn du auf der ganz sicheren Seite sein möchtest, kannst du noch ein bisschen winseln, aber nur ein bisschen. Nicht übertreiben, sonst könnte die Suppenkasper-Nummer schnell nach hinten losgehen.

Mein Hausmensch ist bei diesem Trick bislang immer noch über kurz oder lang eingeknickt und hat mir eine Dose mit Öko-Vollwert-Haste-nicht-gesehen-Futter aufgemacht. Manchmal musste ich etwas Geduld aufbringen, aber funktioniert hat das bis jetzt immer. Ich sage doch: Die allermeisten Menschen sind unglaublich inkonsequente Weicheier.

Und abschließend noch eine richtig gute Nachricht: Menschen essen normalerweise keine Hunde, zumindest habe ich in unseren Breiten noch niemals etwas von Pudel-Carpaccio, Ragout vom Riesenschnauzer oder Dackellende süß-sauer gehört. (Bedauerlicherweise auch noch nichts von kleingehacktem Labrador mit Essiggürkchen und Zwiebeln, aber das nur am Rande.) Reg dich also nicht auf, wenn du deine Hausmenschen Dinge sagen hörst wie „Da wird doch der Hund in der Pfanne verrückt." Das meinen die nicht so.

Kluges Kapitel No. 5:
Lerne, wie das Alpha-Spiel funktioniert.

Wie wir Hunde leben auch Menschen im Rudel, allerdings haben sie viele neue Rudelformen erfunden. Es gibt Familienrudel, Zweierbeziehungs-Rudel, Ein-Mann-Rudel, Eine-Frau-Rudel, Wohngemeinschaftsrudel, Eingetragene-Lebensgemeinschafts-Rudel, Betreutes-Wohnen-Rudel und Wir-leben-zwar-zusammen-können-uns-aber-eigentlich-nicht-ausstehen-Rudel. Bis auf die Einpersonen-Modelle ist allen Rudelformen gemeinsam, dass jeder mit Macht versucht, der Bestimmer zu sein. Deswegen wird in allen Rudeln viel gezankt, getrickst und – natürlich! – geredet. Wer verliert und keine Lust hat, dauerhaft der Nicht-Bestimmer zu sein, wechselt oftmals das Rudel und zankt sich dort mit anderen. Das ist für Menschen kein Problem.

Grundsätzliche, rudelübergreifende Einigkeit besteht nur in einem Punkt: Jemand muss Bestimmter sein, aber der Hund ist es auf keinen Fall. Der Hund steht auf der untersten Stufe. Das ist natürlich bitter für dich, weil es deinen

ureigenen und mehr als berechtigten Interessen massiv zuwiderläuft. Nicht, dass du wild darauf wärst, Verantwortung zu übernehmen, aber du willst zumindest in Ruhe gelassen werden und vor allen Dingen viel, sehr viel Spaß haben. Und den hat man als letzter Arsch im Glied sicherlich nicht.

Lass mich dir noch kurz erklären, weswegen sich Menschen überhaupt Hunde zulegen. Früher mussten wir für diese Leute in erster Linie arbeiten, Schafe hüten, Kutschen begleiten, Hof bewachen, Ratten fangen. Meine Güte – das müssen harte Zeiten gewesen sein, obwohl die Sache mit den Ratten gar nicht mal so schlecht klingt. Heute sieht das völlig anders aus: Die Menschen suchen einen Freund, einen Gesellschafter, einen Spielkameraden für die Kinder, ein nichtrezeptpflichtiges Antidepressivum – je nachdem. Vor allen Dingen suchen sie aber jemanden, den sie richtig piesacken können, jemanden zum Rumkommandieren.

Und weil sie viel zu oft dem Rütter oder dem Millan zugehört haben, glauben sie nur allzu gerne deren Quatsch und spielen sich mit Begeisterung als „Alpha" auf, als „leader of the pack", besonders wenn sie sonst nichts zu melden haben. Und jeder zweite Satz lautet: „Im Wolfsrudel ist es auch so, dass ..." Kann mir mal bei Gelegenheit einer erklären, was mich diese freilaufenden, vor lauter Dummheit nahezu ausgerotteten Vollpfosten angehen? Mich, die ich am liebsten auf dem Sofa liege, mir den Bauch kraulen lasse und dabei Frolic knabbere? Kommt zwar selten vor, aber trotzdem. Hier geht es ums Prinzip. Und das Prinzip ist in etwa so, als würde man unsere Hausmenschen mit Schimpansen vergleichen. Na ja, obwohl ... Aber egal. Auf jeden Fall denken die wohl tatsächlich, der Obermacker der Wölfe würde auch immer als Erster durch die Tannenschonung latschen und seinen Leuten an jedem Waldweg ein „Halt! Sitz!" zubrüllen. Wie naiv, aber offensichtlich brauchen die Menschen solche Vorstellungen, es macht sie irgendwie glücklich. Daraus folgt zwangsläufig: Du darfst ihnen die Illusion, sie seien Scheffe und du nix, auf gar keinen Fall und unter gar keinen Umständen nehmen. Niemals. Never ever. Andernfalls findest du dich schneller als du dir vorstellen kannst in irgendeinem beknackten Tierheim wieder.

Immer dran denken: Ungehorsam im Allgemeinen geht in der Menschen-Hunde-Welt nicht. Und Beißen geht überhaupt nicht. Letzteres verstehe ich sogar – immerhin sorgen diese wehrlosen Leute für uns und manche machen das richtig gut. Solltest du also dein klitzekleines Aggressivitätsproblem nicht in den Griff bekommen, bist du geliefert. Da hilft auch kein Trick mehr. Die gute Nachricht lautet: Sie, deine Hausmenschen, werden immer davon ausgehen, dass sie etwas verkehrt gemacht haben und dass dich keine Schuld trifft, weil: Du bist ja nur ein Hund. Und irgendein menschlicher Oberschlaumeier wird wieder behaupten: „Ja, ja, das Problem sitzt doch immer am anderen Ende der Leine." Gut zu wissen, oder?

Also lerne, das Alpha-Spiel mitzuspielen, ohne zum Schleimer zu werden.

Beispiele:
Deine Hausmenschen werden dir mit hoher Wahrscheinlichkeit Befehle beibringen. Befehle vermitteln ihnen nämlich das supergute Gefühl, dich kontrollieren zu können und Macht über dich zu haben. Die haben sie ja schließlich sonst nicht, ganz im Gegenteil: Normalerweise und im richtigen Leben sind sie die Befehlsempfänger. Du wirst Sachen lernen wie Sitz! Platz! Bleib! Halt! Komm! Rolle! Und anderen Blödsinn mehr. Wichtig ist nun Folgendes: In der Trainingsphase befolgst du ungefähr nur jeden 35sten Befehl, auch wenn du schon längst begriffen hast, was sie von dir wollen. Erstens steigt dann die Wahrscheinlichkeit, dass es ausgiebig Leckerchen regnet, die du sonst nie zu Gesicht bekommen würdest, Käse oder Fleischwurststückchen zum Beispiel, zweitens haben sie dann das sagenhaft gute Gefühl, „richtig" mit dir zu arbeiten. Das freut sie, die Hausmenschen. (Solltest du ein Schleimer sein, also ein Golden Retriever oder brauner Labrador, wirst du diese Tipps natürlich nicht befolgen wollen. Mir doch egal. Schleimer bleibt eben Schleimer.) Wenn du meinst, es ist an der Zeit und du auch keinen Käse mehr sehen kannst, machst du (fast) immer, was sie dir gerade zubrüllen. Einfach machen, hörst du, das gehört zum Alpha-Spiel. Keine Fragen, keine Diskussionen, keine bösen Blicke – du bist ja schließlich kein Mensch. Allerdings solltest du sofort aufhören, dich auf Kommando wie ein Volltrottel aufzuführen, wenn wirklich wichtige Sachen anliegen, Notfälle wie dieser beispielsweise:

Als ich noch jünger war, hat mein weiblicher Hausmensch mit mir „Rolle machen" auf der Wiese im Park geübt. „Rolle machen" – so ein Schwachsinn, aber was soll's. Muss einer meiner Glückstage gewesen sein, denn wer kam in diesem hochnotpeinlichen Moment des Weges? Klar – ausgerechnet Paula, die zänkische, fiese Kuh.
„Na, Großmaul, machste dich gerade zum Hampelmann?", scholl es über das Grün.

Rolle. Käse. Rolle. Käse. Rolle.
„Meine Güte, sieht das dämlich aus. Was soll das denn werden, wenn's fertig ist, Großmaul? Willste zum Zirkus? Ha, ha, ha ..."
Käse. Rolle.
Ich gucke komisch zu Paula, und mein Hausmensch guckt komisch zu mir.
Kommando Platz! Und bleib!
Kommando was? Platz! Und bleib!
Wie bitte? Ich glaube, ich spinne.
„Noch eine Rolle! Nur für mich, Großmaul! Bitte!", geiferte die Zicke.
Na, und dann bin ich eben hin und habe sie erst mal ordentlich vermöbelt.

Das meine ich: Spiel mit, aber echte Notfälle haben immer Vorrang. Dein Hausmensch versteht das nicht, aber er wird, wie immer, die Schuld bei sich suchen. Cool, oder?

Wenn du auf einen Notfall getroffen bist und aus Sicht deines Hausmenschen groben Mist angestellt hast, empfehle ich dir dringend, einige Tage den Ball extrem flach zu halten und jeden menschlichen Unfug mitzumachen. Ohne Wenn und Aber. Ich nenne das den Flacher-Ball-Trick, bei dem es sich um eine Sonderform des temporären Pseudo-Schleimens handelt. Nach zwei bis drei Tagen dürfte sich das andere Ende der Leine dann wieder beruhigt haben. Kein Problem.

Wenn du großes Pech hast und an Hausmenschen geraten bist, die dir untersagen, es dir im Bett oder auf dem Sofa gemütlich zu machen, was dir dank der natürlichen Ordnung der Dinge natürlich absolut zustände, habe ich auch einen Trick parat. Ich nenne ihn den Welpentrick und der geht so: Setz dich vor das Sitz- oder Schlafmöbel deiner Wahl. Ohren nach hinten. Fixiere den Hausmenschen, der gerade mal wieder auf dem Alpha-Trip ist. Lege den Kopf leicht schief. Fixiere weiter. Hebe eine Pfote. Winsele ganz leise, kaum hörbar. Kopf weiter in Schieflage. Fixiere. Berühre mit der angehobenen Pfote irgendein Körperteil des Möchte-Gern-Alpha. Hör nicht auf, zu fixieren. Wiederhole den Vorgang mit der Pfote. Fiepe, ebenfalls ganz leise. Lege, wenn technisch möglich, deinen Kopf auf irgendeinen Oberschenkel. Fixieren nicht vergessen. Noch einmal fiepen – und dann kommt es mit 99-prozentiger Sicherheit, das ersehnte „Mach hopp!". Sollte es wider Erwarten ausbleiben, setzt du knallhart deine ultimative Endwaffe ein: Du leckst die Hand des Hausmenschen. Oder das Gesicht. Oder alles gleichzeitig. Und schon bist du bei 100 Prozent. Oder mehr.

Wenn deine Leute aushäusig sind, die beste Zeit des Tages, wie wir wissen, steigst du natürlich umgehend auf das Möbel deiner Wahl. Vergiss nicht, nach deinem Schläfchen die Spuren zu verwischen, sonst schließen sie künftig die Türen ab.

Zum Alpha-Spielchen gehören natürlich noch andere Marotten. Zum Beispiel die, dass der Hausmensch als Erster aus der Tür gehen will. Dann lass ihn eben – das ist doch kein Problem. Es sei denn, du befindest dich wiederum in einer akuten Notlage. Die könnte in meinem Fall darin bestehen, dass die bekloppte Tibet-Terrier-Tante gerade vorbeimarschiert. Oder eine Katze. Oder ein Eichhorn. Oder irgendwer, den ich nicht ausstehen kann. Oder es ist einfach nicht mein Tag. Dann ist wohl mal klar, wer zuerst draußen steht und die Party rockt.

Und nun noch ein paar Worte zur Leine, der im Alpha-Spiel eine nicht zu unterschätzende Rolle zukommt. Die Leine an sich ist ein ganz perfides

Unterdrückungs-Folter-Dominanz-Entmündigungs-Instrument, also ziemlich nervig. Schon erstaunlich, dass die Menschen, diese doch eher schlichten Gemüter, sich so etwas haben einfallen lassen. Im Alpha-Spiel wird von dir erwartet, dass du tadellos neben oder, besser noch, hinter deinem Hausmenschen an der Leine läufst. Zerren? Schwer verboten! Mit der Leine rumspielen? Ogottogottogott – bloß nicht! Du musst „leinenführig" sein, sagen sie. Was so viel bedeutet wie: Benimm dich wie ein Depp. Oder wie ein Golden Retriever. Wenn ein Mensch so laufen würde, wie sie es von dir erwarten, käme er sofort wegen pathologischer Antriebsarmut in die Psychiatrie. So sieht's aus. Lass uns doch mal Klartext reden: Wer verteidigt denn im Ernstfall meinen (weiblichen) Hausmenschen gegenüber gemeingefährlichen Katzen, delinquenten Eichhörnern oder renitenten Yorkshire-Pennern? Ich. Und wem gehört denn das Haus, der Vorgarten, die Straße, der Park, die Stadt? Mir. Und da soll ich tatsächlich mit hängendem Kopf hinter Menschenbeinen hertraben und Pflastersteine zählen? Nicht mit mir. Allerdings ergeben sich aus dieser meiner Haltung hin und wieder kleinere Unstimmigkeiten, was ich aber gerne in Kauf nehme. Weißt du, das ist so ähnlich wie die Sache mit dem Anspringen anderer Menschen, vorzugsweise solchen, die weiße Hosen tragen. Zehn Mal gibt es Ärger, aber beim elften Mal werde ich heftigst durchgekrault und ergattere vielleicht sogar ein Leckerchen. Scheiß was auf die zehn Mal Ärger, oder?

Den obercoolen Welpentrick kennst du ja schon. Für den sehr wahrscheinlichen Fall, dass du ab und an richtig die Faxen dicke hast vom Alpha-Spiel, verrate ich dir jetzt noch einen weiteren Lieblingstrick. Ich habe ihn „Krankes-Huhn-Masche" genannt, und die geht so:

Zwei Tage nichts fressen (Leichte Übung!). Dann herzhaft in die Wohnung kotzen (Vorher ausreichend Gras runterschlingen! Vermeide den Teppich – auf dem willst du ja schließlich noch liegen!) und in eine Ecke pieseln, in ganz hartnäckigen Fällen von Alpha-Getue darf es auch ein Haufen sein. Dann Rute runter, schlechtes Gewissen heucheln, Ohren ran, Kopf nach unten und so lange rumstehen, bis sich dein Hausmensch ernsthaft Sorgen macht. Das dauert nicht lange. Er wird dich dann, das ist ein klitzekleiner Haken an der Sache, voraussichtlich zum Tierarzt schleppen. Dort bekommst du aber schlimmstenfalls nur einen kleinen Piekser in den Pöter, weil: Dir fehlt ja nichts. Danach bringt er dich, die Stirn in tiefe Kummerfalten gelegt, wieder nach Hause und du erntest die Früchte deiner Mühen. Der Himmel auf Erden ist dein! Ich sage nur: gekochte Hühnchenbrüste mit Reis und leckerer Soße, vielleicht sogar Leberwurstbrot. Sofa? Kein Problem! Des Menschen Bett? Aber gerne, sofort, ich mache schon Platz. Zur Not schlafen sie selber auf dem hoffentlich nicht vollgekotzten Teppich. Sitz! Platz! Bleib! – egal! Leine laufen? Üben wir später. Alles ist gut. Alles ist entspannt. Das Leben ist perfekt. Zumindest für ein paar Tage.

Die Sache mit der „Krankes-Huhn-Masche“ darfst du aber wirklich nicht übertreiben. Anderenfalls haben deine Hausmenschen vielleicht bald keine Lust mehr auf das ständige Theater und lassen dich einschläfern. Oder Schlimmeres.

Kluges Kapitel No. 6: Lerne, was der Schopf der Krönung ist. Oder so.

Du kannst getrost davon ausgehen, dass sich dein Hausmensch, so wie alle anderen Menschen auch, für den Schopf der Krönung, oder wie das nun heißt, hält. Deswegen und weil er in seiner grenzenlose Güte jemanden wie dich bei sich aufgenommen hat, wird er versuchen, dich nach Kräften zu vermenschlichen. Er will sich gerne einbilden können, du seist ihm ähnlich, so beleidigend diese Vorstellung auch ist. Dazu gehört, dass er dich vielleicht in alberne Kleidchen steckt oder dich zum Hundefrisör bugsiert. Beides steht in engem Zusammenhang mit der bedauerlichen Tatsache, dass er selber kein Fell, sondern nur Haupthaare besitzt, wie du bereits erfahren konntest. Mein Rat: Lass es dir gefallen. Mach mit, denn alles im Leben hat seinen Preis, und die Alternative lautet „Tierheim“. Alles klar? Er wird dir auch Emotionen unterstellen, von denen du im Leben noch nichts gehört hast: ein schlechtes Gewissen zum Beispiel. Warum sollten wir ein schlechtes Gewissen haben, weil wir den Müll zerfleddert oder Gardinen angenagt haben? Ist das etwa unser Problem, wenn wir uns langweilen? Na, siehste. Oder Mitleid. Mitleid ist, wenn man jemanden, der Pech hatte, in den Arm nimmt und dabei denkt: „Gott sei Dank habe ich nicht solche Probleme.“ Wenn meine Hausmenschen Pech hatten, also fast jeden Tag, gehe ich natürlich hin, lege den Kopf schief und heuchle Interesse. Der Grund ist einfach: Wenn die Leute nur noch mit ihren angeblichen Problemen beschäftigt sind, steht meine gesamte Versorgungslage auf der Kippe. Das gilt es zu verhindern, und deswegen mache ich Faxen, bis sie wieder grinsen, mir den Kopf tätscheln und sich halbwegs normal benehmen. Mit menschlichen Gefühlen hat das natürlich so rein gar nichts zu tun. Eifersucht wäre auch so ein Beispiel. Wenn sich Kumpels an meine Hausmenschen ranmachen, gehe ich selbstredend sofort dazwischen. Je nach Sachlage denkt mein weiblicher Hausmensch dann, ich wolle sie beschützen oder ich sei eifersüchtig. Von wegen! Da geht es nämlich nur um meine Autorität, wie du dir denken kannst. Wäre ja noch schöner, wenn ich zuließe, dass jeder Penner m-e-i-n-e-n Hausmenschen bedrängt. Das steht nur Kumpels zu, denen ich es ausdrücklich erlaubt habe – also eigentlich keinem. Ganz schlimm ist, wenn Schleimer wie Golden Retriever oder braune Labradore angeschwänzelt kommen. Da sehe ich rot.

Zu guter Letzt werden uns die Hausmenschen in ihrem Vermenschlichungswahn extrem dümmliche Namen wie Luna oder Amy geben, dabei würde Keule voll ausreichen. Bei mir zumindest. Na ja, was soll ich sagen: So ist sie halt, die angebliche Kröpfung der Schonung. Oder wie das nun auch heißen mag.

Aber du darfst auf keinen Fall auf die Idee verfallen, es ihm gleich zu tun und deinen Hausmenschen verhundlichen. Damit tätest du dir keinen Gefallen. Die Enttäuschung wäre vorprogrammiert.

Merke dir also Folgendes sehr, sehr gut:
Auch wenn vor allem weibliche Hausmenschen sich den lieben, langen Tag einsalben und eincremen und einsprühen und bedampfen oder gar Duftstäbchen im Haus verteilen, musst du davon ausgehen, dass der Mensch an sich nichts, aber auch nicht das Geringste von Gerüchen versteht. Und diesen eklatanten Mangel wirst du auch nie beheben können – egal, was du unternimmst, egal, wie sehr du es dir wünschen magst. Kein Mensch wird jemals deine Begeisterung angesichts gut getrockneter Pferdeäpfel nachvollziehen können. Dazu fehlt es ihnen einfach an Intelligenz. Sie finden kleine, sündhaft teure Fläschchen nebst Inhalt, der nach unaussprechlichem Chemie-Zeug stinkt, genannt Parfum, absolut faszinierend, werden aber niemals den würzigen Duft von gut abgelagertem Aas angemessen würdigen können. Für dich bedeutet das: Mach dein Ding. Wälze dich draußen, so oft du kannst, aber lass dich nicht erwischen, sonst landest du unter der Dusche.

Eine Dusche ist Regen im Haus. Eine Badewanne ist ein kleiner See im Haus. Beides benötigen Menschen, um sich sauber zu machen. Sauber machen heißt, sie entferne alle guten Gerüche. Sie machen aber nicht nur sich selber sauber, nein – sie putzen auch ihre Kleider, ihr Geschirr, ihre Fußböden und überhaupt alles und benötigen dafür sehr viel Zubehör und Gerätschaften. Ich habe lange nachgedacht, warum sie das tun, und natürlich prompt eine Antwort gefunden. Ich bin nämlich sehr klug. Sie tun das, weil ihre Zungen viel zu kurz und unbeweglich sind, um schnell und effizient mit ihnen arbeiten zu können. Und weil sie bedauerlicherweise aufrecht gehen müssen, kämen sie mit der Zunge

auch nicht so recht in die Ecken, selbst wenn sie es wollten. Darum brauchen sie künstliche Zungen. Sie nennen sie Wischlappen.

Wenn du das Sozialverhalten deiner Hausmenschen studierst, werden dir äußerst seltsame, nahezu absonderliche Dinge auffallen. Menschen küssen sich beispielsweise. Küssen heißt, sie pressen die Münder aufeinander und machen dabei die Augen zu. Ich vermute, vor Ekel. Oder sie reichen einander zur Begrüßung die Hand, eine völlig sinnfreie Geste. Manchmal schlagen sie sich gegenseitig auf die Schultern und freuen sich, manchmal schlagen sie sich und rufen die Polizei. Wenn sie sich streiten, wird üblicherweise geredet. Was sonst. Wenn ihre Welpen Probleme machen, wird so lange mit ihnen geredet, bis sie endlich ausziehen und sich ein anderes Rudel suchen. Anderen Leuten Sachen wegzunehmen, gilt als inakzeptabel, auch wenn die anderen offensichtlich zu blöd sind, auf ihren Kram aufzupassen und ihn angemessen zu verteidigen. Beute wird Einkauf genannt, und anstatt sich die eine oder andere Keilerei zu genehmigen oder den Nachbarn über den Hof zu hetzen, machen sie Sport. Sport machen heißt, sie ziehen sich komische Sachen an und bewegen sich so lange, bis sie schwitzen. Einen Sinn wird das nicht haben, denn sie kommen weder mit Beute nach Hause noch vermöbeln sie unterwegs irgendjemanden. Apropos Feind: Am allerseltsamsten finde ich, dass Menschen sogar zu Leuten freundlich sind, die sie nicht ausstehen können. Auch mit denen reden sie, geben ihnen die Hand und lächeln manchmal sogar. Das nennen sie dann gutes Benehmen. Hm. Erwarte also von deinen Menschen nicht, dass sie unsere Begrüßungsrituale jemals begreifen oder auch nur gutheißen. Sie wissen anscheinend nicht, dass die relevanten Informationen im Genitalbereich sitzen und beschnüffeln sich daher selten bis nie. Sie werden es auch dir nicht erlauben. Nimm es hin. Nimm es einfach hin, dass sie eigenartige Dinge tun, die jeder Vernunft zuwiderlaufen, und uns überhaupt in keinerlei Hinsicht das Wasser reichen können.

Kluges Kapitel No. 7:
Lerne, wie du den idealen Hausmenschen findest. Falls es ihn denn gäbe.

Abschließend möchte ich dir noch etwas darüber erzählen, wie du den für dich passenden Hausmenschen findest. Die Regeln, die ich dir anvertrauen werde, gelten für uns alle, egal ob du aus welchen Gründen auch immer im Tierknast auf bessere Zeiten wartest oder gemütlich in einer Wurfkiste deinen Geschwistern an den Ohren knabberst. Bist du eins der armen Schweine in Südosteuropa und wirst ins Ausland verschickt, sind deine Wahlmöglichkeiten leider etwas begrenzt.

Zunächst muss der Mensch richtig lecker riechen. Sei skeptisch, wenn du Katze oder Müsli-Geruch wahrnimmst. Sei auch skeptisch, wenn der Mensch nach Schnaps riecht – das muss nicht schlecht sein, könnte aber unvorhersehbare Risiken in sich bergen. Ganz vorsichtig musst du sein, bringt der Mensch kleine Menschen, also Kinder, mit. Überlege dir gut, ob du scharf bist auf Konkurrenz. Heißt der Mensch, der sich nähert, Rütter oder Millan, mach dich sofort unsichtbar. Dies gilt auch für den Fall, dass der sich nähernde Mensch den Eindruck erweckt, er sei Wald-und-Wiesen-Hundetrainer. Wirkt der Mensch irgendwie herrisch, dominant oder schlecht gelaunt – vergiss es. Wenn er aber gut riecht, spring ihn kräftig an oder, falls du ein Welpe bist, beiß oder kratze ihn ganz leicht. Schreit er: „Oh, wie süß!" bist du auf dem richtigen Weg. Streichelt er dich? Tätschelt er? Kann er gar nicht aufhören, dich anzufassen? Super! Hat er dank weiser Voraussicht gar ein paar Leckerchen in der Tasche? Nahezu perfekt! Dann heißt es für dich, sofort die verschärfte Variante des Welpentricks anzuwenden: Ohren ganz, ganz, ganz nach hinten, Augen zu und Hände ablecken. Achtung: Wenn es einen anderen Hund gibt, der sich auch für den Menschen interessiert, musst du ihn sofort zurechtweisen, auch unter Einsatz deines Gebisses. Hier geht es um deine Zukunft, klar? Den Menschen, dessen Hände du gerade leckst, stört das nicht. Der ist geistig weggetreten und kreist durch ein Paralleluniversum. Später wird er sagen: „Und da wusste ich gleich, den nehme ich. Das war Liebe auf den ersten Blick." Aha. Die etwas Pfiffigeren werden behaupten, du hättest sie ausgesucht. Das ist auch so. Ach, und noch was: Trägt der potenzielle Interessent eine Uniform, zum Beispiel des Zolls oder

DER GUTE HUND
HUNDEERZIEHUNG

der Polizei, ist das sehr, sehr gut – als Hund im öffentlichen Dienst musst du zwar ab und zu arbeiten, hast aber ein gesichertes Einkommen, jede Menge Urlaub und Pensionsansprüche.

Wenn sich ein Mensch für dich interessiert, der dir nicht geheuer ist, gilt: sofort anpinkeln, leise knurren, Bürste hoch und verschwinden. Das sollte reichen, um das Schlimmste zu verhindern.

Wenn du trotz aller Vorsichtsmaßnahmen bei Menschen einziehst, die tatsächlich auch noch einer Katze Unterschlupf gewähren, hast du ein Problem. Zwei Lösungsmöglichkeiten kann ich dir anbieten: a) Du freundest dich mit der Katze an, kuschelst mit ihr und frisst aus demselben Napf. Dann, mein Freund, werden dich alle Menschen lieben und du bist der allergrößte Schleimer auf dem Planeten und für jeden Hund, der was auf sich hält, für immer erledigt. b) Du machst der blöden Katze die Hölle heiß, bis sie entweder auszieht oder einen Herzinfarkt bekommt oder von deinen Leuten zur Adoption freigegeben wird. Lass dich bloß nicht erwischen, wenn du sie jagst, als gebe es kein Morgen. Erwischen sie dich doch, hilft der Unsichtbare-Hund-Trick. Oder der La-Paloma-Trick: Pfeife La Paloma oder ein anderes Musikstück und tu so, als sei nichts. War ja schließlich auch nichts, oder?

Für den unwahrscheinlichen Fall, dass du trotz Beherzigung meiner Ratschläge in einem dir nicht genehmen Zuhause gelandet bist, hilft Jaulen, Jaulen und nochmals Jaulen, in Kombination mit in die Ecke pieseln und nahezu kompletter Zerstörung der Wohnungseinrichtung. Du wirst staunen, wie schnell du wieder da landest, wo du gerade hergekommen bist. Und für euch Kumpels aus Südosteuropa: Ihr könnt, wenn es dumm gelaufen ist, ebenfalls jaulen, bis der Arzt kommt. Wenn ihr dann im Tierheim seid, verfahrt ihr so wie oben beschrieben.

Wenn du ein Golden Retriever oder Labrador bist, latsch einfach mit dem erstbesten Interessenten mit und sieh zu, wie du klarkommst.

Kluges Kapitel No. 8:
Lerne, wen die Hunde beißen.

Ich habe dir schon Einiges über K-o-m-m-u-n-i-k-a-t-i-o-n, also den allseits palavernden und salbadernden Hausmenschen, erzählt. Eine Besonderheit aber fehlt, die ich dir nicht vorenthalten möchte. Menschen verwenden nämlich gerne sogenannte Redewendungen. Das sind immer wiederkehrende, relativ inhaltsleere Sätze, die manchmal direkt an dich gerichtet sind, die du aber dennoch getrost ignorieren kannst. Dazu gehören folgende Aussagen:
Lass das!
Hör sofort auf damit!
Was hast du denn da schon wieder gemacht?
Das darfst du doch nicht!
Wer war das?
Nein, nein und nochmals nein.
Wo ist der Schinken geblieben?
Wenn du das noch mal machst, kannst du was erleben!
Wer hat meinen Rhododendron ausgebuddelt?
Ich werde noch wahnsinnig!

Diese Top-10 der sinnfreien Sprüche kannst du behandeln wie Autobahnrauschen oder den Hintergrundlärm, den sie Musik nennen – klapp die Ohren an und lass es an dir vorbeiziehen.

Mit anderen Redewendungen, in denen manchmal das Wort „Hund" vorkommt, verfährst du ebenso, lass dir aber trotzdem erklären, was sie damit meinen:
Er/Sie ist auf den Hund gekommen.
Bedeutet: Ein Mensch hat endlich seine Bestimmung erkannt und einen Hund bei sich aufgenommen, um ihn glücklich zu machen.
Er/Sie führt ein Hundeleben.
Bedeutet: Ein Zweibeiner hat gelernt, sich an den richtigen Vorbildern zu orientieren und vernünftige Prioritäten im Leben zu setzen. Aus menschlicher Sicht absolut beneidenswert.
Bei dem Wetter jagt man ja keinen Hund vor die Tür.
Bedeutet: Du kannst vorerst getrost auf dem Sofa liegenbleiben und wirst bis auf Weiteres in Ruhe gelassen.

Es regnet junge Hunde.
Bedeutet: Wie es aussieht, bleibst du weiter auf dem Sofa liegen.

Da wird ja der Hund in der Pfanne verrückt.
Bedeutet: Nichts. (Siehe kluges Kapitel No. 4)

Das ist aber ein ganz armer Hund!
Bedeutet: Der Mensch hat nicht mal ansatzweise kapiert, wie man mit Tricks bequem durchs Leben kommen könnte. Es handelt sich also um einen absoluten Totalausfall ohne manipulative oder sonstige Fähigkeiten. Schade eigentlich.

Das würde man noch nicht mal dem Hund vorsetzen.
Bedeutet: Vermutlich hat dein (weiblicher) Hausmensch ein neues Kochrezept ausprobiert. Igitt.

Das ist hundsgemein.
Bedeutet: Ein Mensch hat sich einem liebenswerten und sensiblen Hund gegenüber zutiefst verletzend verhalten, indem er beispielsweise das Lieblingsspielzeug versteckt oder ihm das Plätzchen auf dem Sofa verweigert hat.

Er/Sie verhält sich hündisch.
Bedeutet: Ein Mensch präsentiert sich besonders selbstsicher, unabhängig, stolz und beeindruckend durchsetzungsstark. Der Ausdruck findet daher nur äußerst selten Verwendung.

Und dann bliebe da noch der Spruch „*Den Letzten beißen die Hunde.*" Damit meinen sie Folgendes:

Menschen bilden gerne Schlangen. An Bushaltestellen, beim Freibierausschank, vorm Toilettenhäuschen und auch sonst überall, wo es etwas einzukaufen, loszuwerden oder abzustauben gibt. Menschen lieben es, geduldig in einer Schlange anzustehen, zu warten und mit dem Vordermann zu zanken, anstatt ihn mal eben kräftig zu vermöbeln. Allerdings haben Menschen bei diesem Zeitvertreib große Angst, ein Hund könnte plötzlich des Weges kommen und dem Letzten in der Schlange auf die Schulter tippen, um zu fragen: „Entschuldigung, sind Sie vielleicht der Letzte?" Bejaht der Angesprochene, könnte er nämlich unverzüglich kräftig in den Allerwertesten gebissen werden. Warum Menschen das befürchten, habe ich auch noch nie verstanden. Das ist aber erwiesenermaßen der Grund dafür, dass sie sich in Warteschlangen gerne vordrängeln.

Das letzte kluge Kapitel:
Und lerne, was es sonst noch zu beachten gilt.

Menschen jagen. Sie jagen eigentlich ununterbrochen. Sie jagen dem Glück hinterher, dem Geld oder Sonderangeboten im Supermarkt. Sie jagen Anerkennung hinterher oder der großen, einzigen Liebe, bei der es sich selbstredend nur um einen Hund handeln kann, was sie aber manchmal nicht wissen oder nicht glauben wollen. Sie jagen auch einer sogenannten Karriere hinterher oder der ewigen Jugend, allerdings jagen Menschen anders als wir. Sie jagen, indem sie rumsitzen und reden oder nachdenken. Nachdenken ist lautloses Reden mit sich selber. Das ist dann in etwa so sinnvoll, als würden Kika, Alma und ich im Park unter einem Rhododendron liegen, uns nett unterhalten und hoffen, dass zufällig ein Hase in greifbarer Nähe des Weges kommt. Du verstehst, was ich meine.

Aber wenn wir anfangen zu jagen, ist der Teufel los. Es sei denn, du bist ein topausgebildeter Jagdhund und erhältst den menschlichen Auftrag, loszurasen und mit einer Ente zurückzukommen. Oder so. Dann befindest du dich schleimertechnisch allerdings schon in gefährlicher Nähe zu Golden Retrievern und Labradoren, selbst wenn du ein hochnäsiger Weimaraner sein solltest.

Auf jeden Fall ist der Teufel los, wenn wir normalen Hunde, die noch Stolz und Ehre im Leib haben, das einzig Vernünftige tun, wenn wir auf Gesocks treffen. Gesocks ist, wie wir wissen, der zoologische Oberbegriff für Katzen, Eichhörner, Marder, Igel, Mäuse, Ratten und alle anderen Tiere, die keine Hunde sind. Auch Plastiktüten, die der Wind vor sich hertreibt, zählen dazu. Gesocks trägt nie eine Leine und gibt deswegen maßlos an, worauf es gilt, umgehend die Verfolgung aufzunehmen. Aber das wird dein Hausmensch nie begreifen; diskutieren zwecklos. Stell dich also auf Ärger ein, wenn sie dich beim Jagen erwischen, und wende dann den La-Paloma-Trick an.

Zu den Tricks muss ich dir noch sagen, dass Menschen natürlich auch welche kennen – diese Leute sind zwar relativ einfach gestrickt, aber nicht völlig verblödet. Außerdem lesen sie ständig Hundeerziehungsratgeber und hängen an den Lippen von Millan und Rütter. Die gute Nachricht ist: Ihre Tricks sind meistens sehr durchschaubar und durch deine Kontertricks locker auszuhebeln. Menschen wenden zum Beispiel gerne den Durch-Leckerchen-bestechen-Trick an, was dich ja nicht weiter irritieren muss. Oder den Anbrüll-Trick, den du getrost ignorieren kannst, weil sie das nie lange durchhalten, ansonsten konterst du sofort mit dem Ed-von-Schleck-Trick oder einer anderen, dir geeignet erscheinenden Masche, die du bereits mehrfach mit Erfolg angewendet hast.

Die Lage wird erst dann ernst, wenn deine Leute den Ignorier-den-Hund-Trick bemühen. Der besteht im Wesentlichen darin, dass sie so tun, als wärst du nicht da. Es handelt sich also um einen Gegenentwurf zum der Unsichtbare-Hund-Trick. Sie werden dich nicht ansehen, nicht ansprechen, geschweige denn anfassen. Das Futter werden sie dir kommentarlos hinpfeffern – wenn es denn überhaupt was zu beißen geben sollte. Erwarte also in diesem Fall keine Streicheleinheiten, kein Kuscheln auf dem Sofa, erwarte einfach nichts. Manche Menschen sind für ihre Verhältnisse erstaunlich beharrlich, wenn sie auf diese Masche zurückgreifen. Wahrscheinlich sind sie auch gerade besonders sauer auf dich, aber das kann dir ja egal sein. Auf jeden Fall ist die Ignorier-Nummer kein Zustand und du solltest ihr daher mit größtmöglicher Konsequenz begegnen, am besten konterst du sofort mit dem Krankes-Huhn-Trick. Haben sich die Hausmenschen wieder beruhigt und ihre normale Betriebstemperatur erreicht, sei dir empfohlen, ergänzend und sicherheitshalber ein paar Tage lang den Flacher-Ball-Trick anzuwenden.

Lustiges Nachgebell mit Pfotenschlag

So, Jungs, Mädels, Kumpels und Kastraten,
dank meiner Umsicht und Klugheit habt ihr nun also erfahren können, wie eure Leute funktionieren und wie ihr euch trotz der Hausmenschen samt ihrer Eigenarten und seltsamen Verhaltensweisen ein möglichst schönes Leben machen könnt.
Seid nachsichtig mit den Zweibeinern – die meisten wollen wirklich nur unser Bestes, und außerdem sind sie diejenigen, die wissen, wie der Kühlschrank aufgeht. Und wirklich: Ich habe nichts gegen Menschen im Allgemeinen oder meine Hausmenschen im Speziellen. Diese Leute haben es doch auch ohne uns, die zweifellos überlegene Spezies, schon schwer genug.
Wir sehen uns im Park, Freunde.

Pfotenschlag!
Eure Emmi, genannt Keule

P.S.: Und dich, Tibet-Terrier-Zicke, treffe ich direkt vor der Haustür. Box dich schon mal warm!

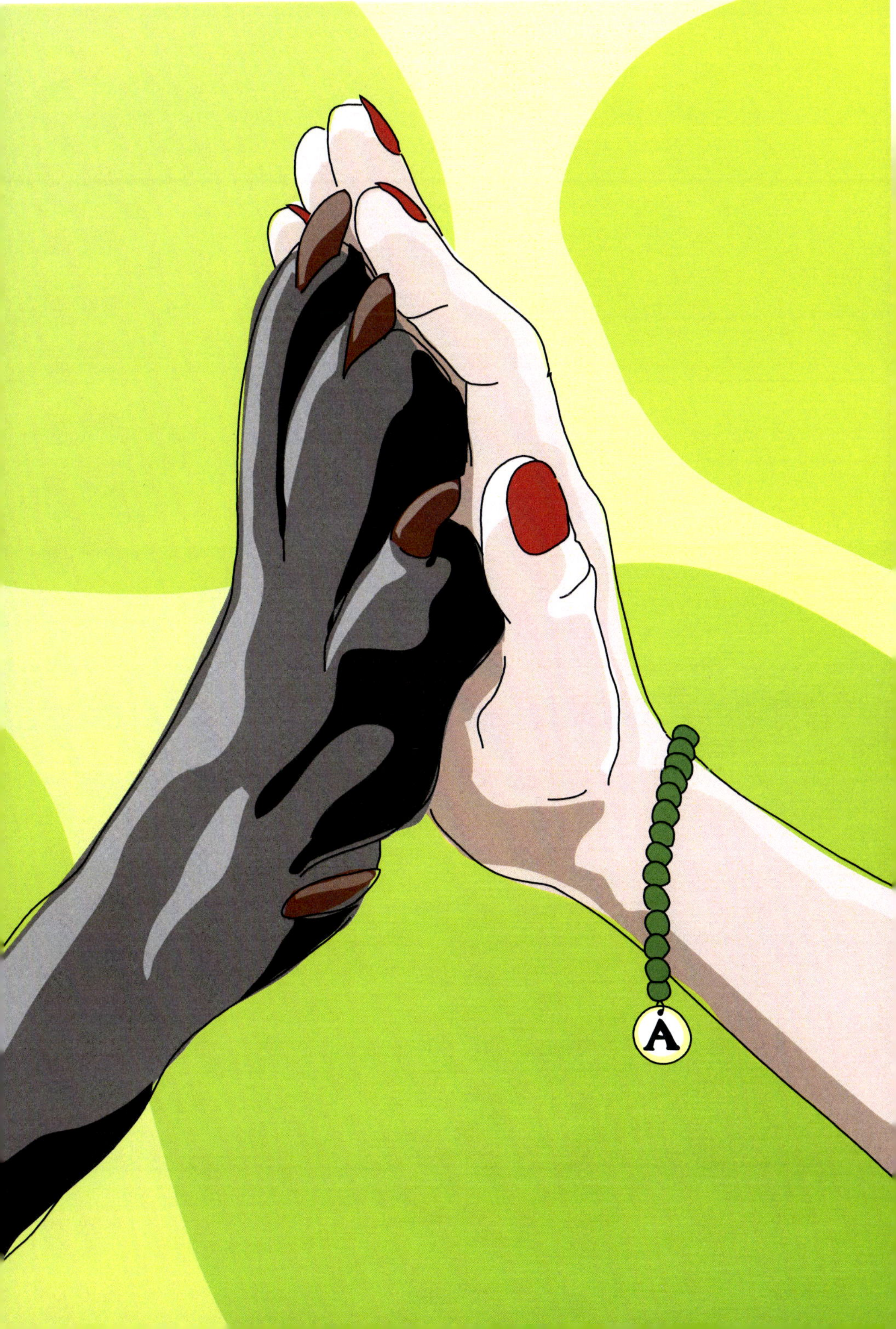
A

Nachwort von Kika

Cooles Projekt, Keule, das wir da auf die Beine gestellt haben. Und wann gehen wir wieder Vögel jagen?
Pfotenschlag!
Kika

Nachwort von Alma (musst du nicht lesen)

Also, ich wollte nur noch mal sagen, dass es voll fies ist, was du über mich sagst, Emmi. Echt gemein und wirklich blöd und ich finde sowieso ... äh, ich muss los. Frauchen ruft.
Alma

Menschliches Nachwort (musst du überhaupt nicht lesen)

Wir, die Herausgeberinnen dieses Büchleins, distanzieren uns entschieden von dessen Inhalten, sehen uns aber gezwungen, diese zu publizieren, da unsere Hunde erpresserische Methoden angewandt haben. Insbesondere haben sie gedroht, die örtlichen Tierschutzorganisationen über unsere vermeintlich tierschutzrelevanten Haltungsmethoden in Kenntnis zu setzen. Ebenfalls angedroht haben sie, in Hungerstreik zu treten, dauerhafte Inkontinenz vorzutäuschen und/oder sich bei nächstbester Gelegenheit in demonstrativ suizidaler Absicht vor einen Omnibus zu werfen.

Wir beugen uns nun diesen nahezu kriminellen Machenschaften, möchten aber unmissverständlich klarstellen:

Wir haben unsere Hunde aus dem Tierschutz freiwillig und aus blanker Gutmütigkeit aufgenommen. Wir haben reichlich Energie, Nerven und finanzielle Mittel investiert, um den Tieren ein zufriedenes, artgerechtes, sorgenfreies und harmonisches Leben zu ermöglichen. Und wir lieben sie von Herzen. Dafür erwarten wir keinen Dank, aber etwas Respekt wäre schön.

Unter dem Eindruck der von Emmi dank Unterstützung von Alma und Kika in Umlauf gebrachten Ungeheuerlichkeiten sehen wir uns nun aber gezwungen, unsere Liebe zum Hund an sich nochmals kritisch zu überprüfen und denken ernsthaft über die ersatzweise Anschaffung mehrerer Kois nach.

Sandra Bilkenroth & Susanne Preusker

Glossar (für Eilige und Begriffsstutzige)

Alma & Kika:
Meine aller-, aller-, allerbesten Freundinnen.

Alpha:
Im Reich menschlicher Mythen und Legenden über uns Hunde weitverbreitete, irrige und völlig abwegige Vorstellung von der Leit- oder Führungsrolle. Laut Definition soll sich ein Alpha zum Beispiel dadurch Autorität verschaffen, dass er als Erster die Wohnung verlässt oder frisst. Menschen haben großen Spaß daran, Alpha zu spielen, obwohl nur jeder Trillionste echte Führungsqualitäten aufweist. Bei uns Hunden ist es jeder Hundertste, woraus sich schon rein rechnerisch die entsprechenden Konsequenzen ergeben, wobei die meisten von uns bekanntlich einfach nur ihre Ruhe haben wollen. Wichtig: Du solltest der Einfachheit halber das Alpha-Spiel mitspielen. Das macht deinen Hausmenschen glücklich, siehe auch >> Dominanz.

Barf:
Abkürzung für „Blödes, aufgetautes Rinderzeug fressen"; soll angeblich gesund sein, aber geschmacklich kein Vergleich zum Trockenfutter von der Tanke oder zu Leberwurstbroten; im Notfall unbedingt >> Suppenkasper-Trick anwenden.

Dominanz:
Menschenbegriff für „der Bestimmer sein wollen" und damit einschneidende Beleidigung der Hunde-Intelligenz. Achtung: Man darf dem Hausmenschen die Illusion, Bestimmer zu sein, nie nehmen und bediene sich daher statt altbewährter Methoden wie Knurren, Schnappen und Beißen ausschließlich der >> Manipulation.

Duo infernale:
Achtbeiniges Kampfgeschwader, bestehend aus Emmi und >> Kika, mit dem sehr geheimen Geheimauftrag, vornehmlich Vögel, aber auch anderes >> Gesocks zu jagen.

Ed-von-Schleck-Trick:
Heftiges Ablecken des Hausmenschen als deeskalative Strategie im Falle leichter Konflikte oder Unstimmigkeiten; Achtung: Nicht übertreiben, manche Menschen haben ansteckende Krankheiten, sind unsauber oder nicht entwurmt!

Flacher-Ball-Trick:
Unterform des >>Temporären Pseudo-Schleimens.

Gehorsam:
Bei Hunden untrügliches Zeichen dafür, dass sie sich restlos aufgegeben haben und zum >> Schleimer geworden sind.

Gesocks:
Alle Tiere, die keine Hunde sind.

Hundeschule:
Ort, an dem deine Hausmenschen Geld zum Fenster rausschmeißen, um zu lernen, wie man mit uns k-o-m-m-u-n-i-z-i-e-r-t oder was es bedeutet, konsequent zu sein. Achtung: Empfohlen wird, sich in der Hundeschule von der allerbesten Seite zu zeigen, aber nur dort.

Hundetrainer:
Im Regelfall dominante, rechthaberische, unangenehme Menschen, die es zu meiden gilt. Erscheint dieses nicht möglich, darfst du dich auf keinen Fall mit ihnen anlegen; die Anwendung irgendwelcher Tricks ist sinnlos.

Ignoriere-den-Hund-Trick:
Fiese Menschenmethode, um dich zu disziplinieren und einzuschüchtern; wird umso entschiedener angewandt, je wütender der Mensch auf das völlig unschuldige Tier ist; empfohlen wird, umgehend mit dem >> Krankes-Huhn-Trick zu kontern.

Kinder:
Menschenwelpen fast ohne Fell, laufen zunächst normal, d. h. auf allen vieren, neigen zu Respektlosigkeiten aller Art, heulen schnell, sind unberechenbar; lassen sich ungern maßregeln. In hartnäckigen Fällen hilft nur der >> Unsichtbare-Hund-Trick, der so lange anzuwenden ist, bis die Kinder sich ein neues Rudel suchen. Für Menschen gilt: Ein Kind ist kein Hund-Ersatz.

Kommando:
Befehle, die sich Menschen ausdenken (zum Beispiel Komm! Sitz! Bleib!) und von denen erwartet wird, dass du sie beanstandungsfrei und zackig befolgst. Aus menschlicher Sicht ein Zeichen deines Gehorsams, aus hündischer Perspektive ein sicheres Zeichen dafür, dass du eine Memme bist, vielleicht sogar ein >> Schleimer.

Kommunikation:
Begriff aus der Menschenwelt, bezeichnet Reden, Palavern, Diskutieren, Schwätzen, Labern und Sprechen, also alle besonders umständlichen Verfahren zur Weitergabe von Informationen.

Konsequenz:
Unnachgiebigkeit, Hartnäckigkeit, Zielstrebigkeit, also typisch hündisches Verhalten, welches sich Menschen erst mühselig, meist jedoch erfolglos anzueignen versuchen, zum Beispiel in der >> Hundeschule.

Krankes-Huhn-Trick:
Simulation einer ernst zu nehmenden Erkrankung mit dem Ziel, gekochtes Huhn mit Reis und Bratensoße nebst zahlreicher Streicheleinheiten zu erhalten. Angenehmer Nebeneffekt: Du darfst aufs Sofa und ins Bett und musst eine Weile nicht gehorchen. Achtung: bei übermäßigem Gebrauch droht Tierarzt oder Schlimmeres!

La-Paloma-Trick:
Anzuwendende Manipulationsmethode im Falle kleinerer Verfehlungen. Du entspannst dich und trabst ganz locker vor dich hin, vermeide Blickkontakt, aber spitz die Lippen und versuche, La Paloma zu pfeifen. Tu einfach konsequent so, als sei nix passiert, das verwirrt den Menschen.

Leckerchen:
Verteilen von Leckerchen ist eine äußerst durchsichtige, menschliche Bestechungsmethode, die akzeptabel ist, sofern es sich um Fleischwurst- oder Käsestückchen handelt; bei allen anderen Leckerchen ist gesondert zu prüfen. Sogenannte Bio-Leckerchen sind indiskutabel, es sei denn, du bist ein >> Schleimer oder Allesverschlinger.

Leinenführigkeit:
Bezeichnung für teilnahmsloses Traben neben, hinter, keinesfalls vor deinem Hausmenschen; im Krankheitsfall oder bei großer Hitze entschuldbar, ansonsten deutliches Erkennungszeichen für >> Schleimer.

Manipulation:
Oberbegriff für alle Tricks, die dir helfen, von deinem Hausmenschen zu bekommen, was dir zweifelsfrei zusteht.

Nietzsche, Friedrich:
Berühmter toter Mensch, nicht wichtig für dich.

Philosophie:
Philosophie ist ... ja, also ... ähm ... hm. Na gut, der Punkt kann übersprungen werden. Ist auch nicht so wichtig.

Relativitätstheorie:
Von Menschen ausgedachte Vorstellung von der Welt, in der es um Licht und Geschwindigkeit geht. Fressen findet keine Berücksichtigung; heißt so, weil sie relativ simpel ist.

Rütter, Martin & Millan, Cesar:
Hundetrainer, bekannt aus Presse, Funk und Fernsehen. Erstgenannter verkauft sich als Kumpeltyp, hat aber fiese Tricks auf Lager, Zweitgenannter ist brandgefährlich, weil ich glaube, er war selber mal ein Hund. Trotzdem kein Grund zur Besorgnis: Deinem Hausmenschen wird es mit aller Wahrscheinlichkeit an der nötigen >> Konsequenz mangeln, die Ratschläge beider umzusetzen.

Schleimer:
Alle Golden Retriever, Labradore, insbesondere die braunen, und natürlich die Tibet-Terrier-Schnalle aus dem Nachbarhaus, zeichnen sich durch Übereifer, Unterwürfigkeit und Charakterschwäche aus. >> Alma zählt übrigens nicht zu den Schleimern, auch wenn sie sich manchmal so aufführt.

Sofa & Bett:
Sitz- beziehungsweise Ruhemöbel der Menschen, die erstens einen erhöhten Platz mit besserer Aussicht garantieren und zweitens unglaublich bequem sind. Um dein natürliches Recht auf Inbesitznahme zu sichern, bieten sich der >> Welpentrick, bei hartnäckigem Widerstand auch der >> Krankes-Huhn-Trick an.

Suppenkasper-Trick:
Konsequente Weigerung, unzumutbare Nahrung aufzunehmen; führt nach anfänglichen Widerständen des Hausmenschen normalerweise schnell und komplikationslos zur Änderung des Speiseangebots.

Temporäres Pseudo-Schleimen:
Zeitlich befristetes Einsetzen typischer >> Schleimer-Verhaltensweisen (Gehorsam, Unterwürfigkeit, überflüssiges Schwanzgewedel, beanstandungsfreie >> Leinenführigkeit), um an dein Ziel zu kommen oder deine Ruhe zu haben, also entschuldbar.

Tibet-Terrier:
Hund, der an ein Mischung aus geplatztem Sofakissen und Wischmopp erinnert. Neigt zu provokantem Nicht-Hingucken, gehört daher bei jeder passenden Gelegenheit vermöbelt.

Unsichtbarer-Hund-Trick:
Im Umgang mit Hausmenschen unverzichtbares Mittel der Konfliktentschärfung mit dem Ziel, vorübergehend so zu tun, als seist du nicht da. Empfohlen wird, möglichst entlegene, unverfängliche Plätze im Haus aufzusuchen und keinerlei Geräusche von sich zu geben und Blickkontakt zu meiden. Achtung: Das Menschenbett gehört in diesem Fall nicht zu den unverfänglichen Plätzen!

Verhundlichung:
Versuch, in deinem Hausmenschen hündische Qualitäten zu entdecken. Ist als solcher von vornherein zum Scheitern verurteilt, da es üblicherweise an der erforderlichen Intelligenz beim Menschen mangelt; großer Fehler, den selbst Golden Retriever, Labradore und andere >> Schleimer vermeiden sollten, um Enttäuschungen zu verhindern.

Vermenschlichung:
Netter, aber vergeblicher Versuch deines Hausmenschen, in dir menschliche Züge zu entdecken wie Gefühle oder Interesse an verbaler Dauerberieselung. Empfohlen wird, auf Protest zu verzichten und scheinbar mitzumachen, damit dein Mensch seinen Spaß hat und auf Sanktionen verzichtet. Diese Haltung ist zwingend erforderlich, damit deine Versorgungslage beanstandungsfrei bleibt. Sie macht dich deswegen noch lange nicht automatisch zum >> Schleimer.

Welpentrick:
Todsichere Methode, um deine Wünsche durchzusetzen durch unwiderstehliche Kombination von sanftem Schwanzwedeln, angelegten Ohren, schrägliegendem Kopf, angehobener Vorderpfote, Fixieren des Gegenübers und gegebenenfalls leisem Fiepen. Eine andere Variante: Hinlegen, Kopf auf die Vorderpfoten, Blick anheben, ununterbrochen fixieren und leise seufzen.

Wölfe:
Vollpfosten, die aufgrund extremer Blödheit schon fast ausgestorben waren; angebliche Vorfahren von uns Hunden, können aber keinen einzigen Trick und waren auch noch nie auf einem Sofa.

Revier für eigene Pfotenabdrücke: